你好，大自然

[西] 亚历杭德罗·阿尔加拉 著　[西] 罗西奥·博尼利亚 绘　詹玲 译

动物的家

科学普及出版社
·北京·

艾琳和弟弟布鲁诺真的很想知道动物是如何建造自己的家的。有些鸟儿会织巢，这是真的吗？长颈鹿住在哪里？蜘蛛如何织网？生活在水里的动物怎么建造自己的家？一种动物能居住在另一种动物的房顶上，这是真的吗？

动物居住的地方

　　不同的动物居住在不同的地方，它们居住在哪里取决于它们的日常活动和习性；取决于它们是捕食者还是会被别的动物捕食；取决于幼崽数量的多寡；还取决于它们是自己养育幼崽还是让大自然承担这个责任。

有多少种可以居住的地方？

　　想想动物们能居住的所有地方，可以列出一个长长的清单：巢、窝或地洞、山洞、地下隧道、网、蚁丘、蜂巢、树洞、岩石缝、石头底下、树叶、湖泊、河流、无边无际的海洋……你还能想出别的地方吗？

安逸的窝或地下洞穴

　　许多小型哺乳动物像穴兔、田鼠和鼩鼱，居住在窝里或地下洞穴里。这些居所必须安全，因为森林中有不少动物是它们的天敌，比如隼、猫头鹰、狐狸和蛇，这些都是捕食小型哺乳动物的高手。在窝里或地下洞穴中，小巧可爱的幼崽和它们的爸爸妈妈可以安逸地休息。

隐居生活

　　穴兔可以在地下洞穴里照顾和哺育兔宝宝。刚出生的小穴兔身上没有毛，眼睛紧闭，耳朵什么也听不到，地下的洞穴保护它们不被天敌发现。野兔是穴兔的近亲，却有着截然不同的生活方式。它们不挖地洞，而是选择隐藏在草丛或灌木丛中，等待黄昏降临，才出来活动。生育幼崽时，它们会在草丛里造一个浅浅的窝。由于没有洞穴的保护，小野兔一出生就有毛，并且睁着眼睛：因为从出生的那一刻起，它们就必须尽快做好随时逃离捕食者的准备。

你觉得长颈鹿住在哪里？

　　许多大型哺乳动物从不建造住所，也不会隐居在洞穴或地下隧道里，它们在森林、大草原或热带丛林中自由自在地生活。它们中的一些组成群体生活，要是有成员发现捕食者靠近，就会发出警告，以便族群逃跑。北美洲或欧洲森林中的鹿，还有非洲大草原上的斑马和角马就这样生活，它们都没有固定的住所。像这样的例子还有很多，毕竟长颈鹿和大象能去哪儿睡觉呢？

鸟和巢

　　巢是最有名的鸟类房子类型之一。许多飞鸟会单独或者与伴侣一起，寻找细枝、树叶、毛皮和羽毛，衔回来，小心翼翼地筑起一个庇护它们、让它们可以舒舒服服休息的地方。鸟通常把巢建在高处，比如树上或烟囱上，那里比较安全。巢也是鸟产卵的地方。雏鸟出生时，巢是保护它们的安乐窝。雏鸟在长到可以学习飞行之前，一直由亲鸟觅食来养育。

鸟的筑巢方式：织巢、衔泥筑巢和挖土为巢

鸟类的筑巢方式多种多样。织巢鸟能编织出世界上最精致的鸟巢，它们利用草叶、细枝或树叶和细枝上的植物纤维，编织出从下方进出的篮子形巢穴。有时数百只织巢鸟组成巨大的群体一同生活。像燕子和灶鸟这样的鸟用黏土和唾液筑巢。甚至还有些鸟类在泥土或沙子中挖个坑，把鸟卵埋在里面。白头海雕的巢是世界上最大的鸟巢之一，通常建在参天大树上，有的巢大到能让人坐进去！

在树干里栖居

　　许多动物利用树干建造巢穴。啄木鸟不仅会在树上啄食美味的蠕虫，还会用坚硬的喙挖出树洞在里面产卵。许多鸟类居住在啄木鸟啄出的洞或天然树洞里。松鼠、猫头鹰和一些蝙蝠居住在中空的树干中。根部有大洞的树干可以成为像狐狸、黑熊这样体形更大的哺乳动物的家。

虫子栖居的木头

　　虫子也喜欢树木，那是它们栖身的好地方。树干、树枝和树叶是昆虫和蜘蛛栖身的理想家园。在树干里面生活着大大小小的蠕虫，它们挖出长长的通道，在里面觅食，那里非常安全。蜜蜂会在空心的树干内建造蜂巢。仔细想一想，你就会知道，对于小动物来说，森林里倒下的树干简直算是五星级酒店。

用丝织成的家

蜘蛛从腹部"吐"出丝来织网。它们在结好的网里休息、捕食。由于蛛丝又黏又细，可怜的飞虫稍不注意就会自投罗网，困在其中，成为蜘蛛的晚餐。有些蜘蛛不织网，而是用蛛丝铺设自己挖好的地下隧道，布置好家之后，就静静地待在里面，步足触着丝。如果路过的虫子不幸踩到这些丝，蜘蛛立马就会察觉，从隧道爬出来捕捉它们。这实在太糟糕了！

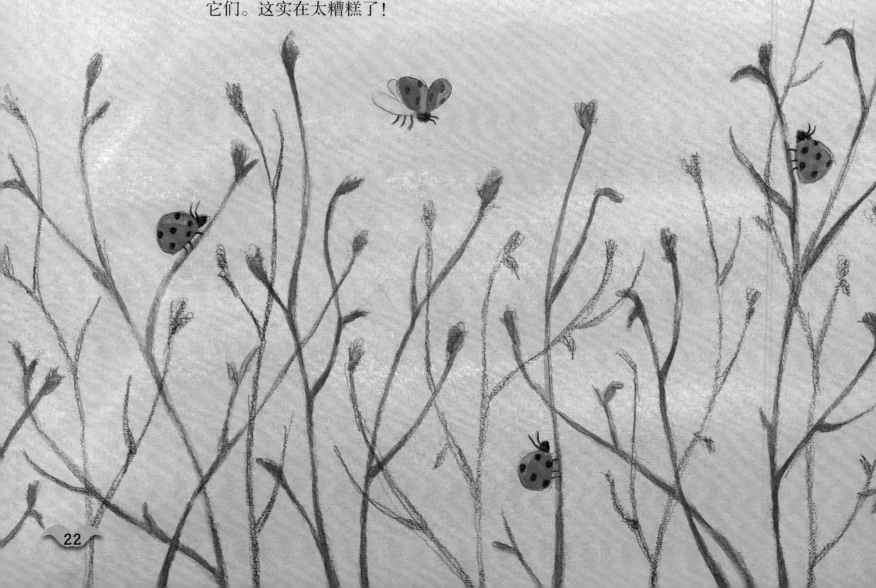

昆虫建筑师：蚂蚁

如果有什么动物配得上建筑师的称号，这种动物就是蚂蚁。蚂蚁姐妹，也就是小小的工蚁合作，一起建造出了不可思议的蚁巢。蚁巢里有不同的生活区：卧室、储藏室、皇家套房、托儿所、垃圾站。蚂蚁有时会在平坦的大石头下筑巢：石头白天吸收保存太阳的热量，晚上为巢穴供暖。蚂蚁太聪明了！

海洋动物

　　许多生活在海里的动物，比如鲱鱼、鲸、海豚、鱿鱼和水母，并没有自己的家。这些一生都在游泳的海洋动物没有固定的栖居之所。不过，从最浅的水域到最深的海沟，很多其他动物都会建造自己的家。比目鱼生活在沙子里，这样在猎食的同时可以避免被猎杀。有一些海洋动物如贻贝，附着在岩石上生活。章鱼在岩石间寻找洞穴当作自己的家。还有像珊瑚虫那样的海洋动物，分泌出石灰质外壳，住在里面，许多珊瑚虫聚居在一起，经过数百至数千年，形成珊瑚礁，有些珊瑚礁非常大，从太空都可以看得到。

两种动物共栖

　　寄居蟹腹部柔软，没有保护性外壳，寄居这个名字源于它们找寻居所的奇妙方式。当年幼的寄居蟹到了要出去探索世界的时候，它们会寻找海螺的空壳并居住在里面。随着寄居蟹长大，原来的壳就不合适了，它们便离开旧壳去寻找更大的螺壳。有时，海葵会爬到寄居蟹的壳上定居：海葵搭上寄居蟹的"免费房车"四处移动，而寄居蟹则受到海葵的保护——海葵的触手上长着有毒的刺细胞，能蜇伤或杀死其他动物。

穴居动物

　　许多动物生活在洞穴中。夏季凉爽、冬季温暖的洞穴能抵御恶劣天气和捕食者的侵扰。大型哺乳动物，比如熊，冬季在洞穴中冬眠。一些蝙蝠白天倒挂在洞穴的顶部休息。有些动物，比如一些蜘蛛和小昆虫，从不离开它们的洞穴。有些生活在洞穴里的动物，比如鼹鼠，视觉退化，因为在完全黑暗的洞穴中视觉没有用。

在极端环境中生活的动物

　　有些动物已经适应了在极端寒冷或极端炎热的气候条件下生活。生活在南极的企鹅一生大部分时间都在冰面上度过，但是它们有厚厚的羽毛保暖，帮助抵御寒冷。有时，它们会抱成一大群，互相取暖。

生活在沙漠中的动物则面临着相反的问题。它们中的大多数，比如跳鼠、耳廓狐、蛇和甲虫，为了躲避高温和避免脱水，只有在夜间气温下降后才出来活动。

艾琳和布鲁诺真的非常开心，现在他们了解了好多动物的栖息之所。

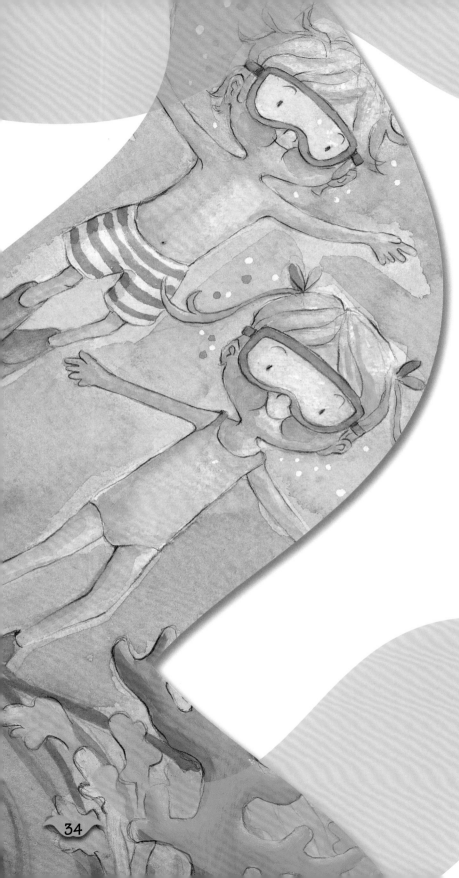

亲子指南

　　动物有许多不同种类的"家"，主要取决于住在里面的动物的种类、栖息地的气候特征，它们是捕食者还是猎物等。一些微型动物能在极小的空间里生活，比如，蚂蚁可以只和寥寥几个个体居住在核桃壳内并繁衍出一个完整的群体。与此完全相反，生活在非洲大草原上的大型哺乳动物，如长颈鹿和大象，或在海洋中穿梭的抹香鲸和海豚，它们没有固定的家，而是把方圆数百或数千千米的区域作为栖息地。有些动物使用源于大自然的材料或它们自制的材料来建造居所。还有一些动物只是利用天然构造，或者直接搬进别的动物遗弃的"家"。

　　以下是动物住所的一些特征。

窝或地下洞穴

　　许多动物生活在窝或地下洞穴中。地下洞穴的类型有很多种：有的是只带一个入口的一居室；有的是包括多个入口和紧急出口，由许多通道和房间组成的复杂洞府，比如穴兔挖的兔子洞。隧道保护小型哺乳动物免受恶劣天气和猎食者的侵扰，然而可以轻松闯入其中的猎食能手——蛇，让这些小动物一直处在被捕食的危险中。

动物建筑师

　　有些动物用自制材料建造家园。例如，蜘蛛用自己的蛛丝织网，或在地下通道、岩石和树干的洞里铺网。它们用蛛丝裹住捕到的猎物，也用蛛丝包裹和保护它们的卵。有些蚂蚁用幼虫吐出的丝连接树枝上的几片叶子，建成一个封闭的房间，从而保护蚁后、卵和幼虫。还有一些动物用泥土来建造家园，比如棕灶鸟或者螺蠃（guǒ luǒ）。动物使用的其他筑巢材料还有纸浆和蜂蜡，一些黄胡蜂通过咀嚼木头制成纸浆，蜜蜂用花粉制成蜂蜡，它们用这些加工过的材料建巢，供幼虫栖身。

巢

巢是最常见的鸟类房屋类型。为了筑巢，鸟类单独或在伴侣的帮助下收集材料，包括小树枝、草茎、树叶、哺乳动物在森林中留下的毛皮碎片，以及人类活动的遗留物，如细绳、线或塑料纤维。它们非常小心地筑出一个用来产卵和孵卵的舒适巢穴。雏鸟从孵化到离开巢穴、组建自己的家庭之前，一直住在这里。

并不是所有的巢都一样：有些鸟不是很细致，它们只是随意地把几根树枝搭在一起，不关心产下的卵舒不舒服。猛禽往往筑这种巢。然而，有些鸟巢算得上真正的艺术品，它们由像线一样的植物纤维编织而成，有这种筑巢本领的是生活在非洲和亚洲热带地区的织巢鸟。

在树上栖居

树木是许多动物（包括脊椎动物和无脊椎动物）栖居的绝佳场所。树冠为鸟巢提供了许多支撑点，也可以成为其他树栖动物的家，这些动物在树枝和树叶里栖息。例子有很多，比如很少离开树木的树懒，它们既生活在树上又在树上觅食。许多猴子和狐猴也在树枝间生活。有些动物在活树的树干里建造家园，比如啄木鸟和许多昆虫会钻到木头里寻找食物或产卵。

有些树在死之前很久就已经是中空的了，这些树洞是獾、黑熊等体形较大的动物的绝佳居所。当然，啮齿动物、蝙蝠、猫头鹰，以及群居昆虫如蜜蜂、黄蜂和蚂蚁也喜欢树洞。当树死去，逐渐腐烂的树干将成为成千上万的小动物的食物和庇护所。

水栖动物

水是许多动物的家。作为水中之王的鲨鱼，它们一直都在游泳，从不停下来在水底休息。水里也是大型鲸类动物，例如蓝鲸、长须鲸、抹香鲸的领地，它们的世代天敌巨型乌贼也隐居在海洋里！有些鱼类隐藏在岩石间或沙子里。像一些章鱼、海胆和海星那样，生活在沙子里的蠕虫能建造沙子管道。海鳗和康吉鳗等鱼类、海葵、软珊瑚以及贻贝和牡蛎等双壳类动物在岩石间生活。藤壶和鹅颈藤壶是蔓足类动物，它们附着于海边岩石，伴着涨落的潮汐时隐时现。地球上个体最小的动物之一是珊瑚虫，它们集群而生，经过几百年到几千年的时间，千万个珊瑚虫的骨骼连在一起形成巨大的珊瑚群落，成为从太空也能看见的大珊瑚礁甚至珊瑚岛。

我们能在淡水湖、池塘、河流和溪流等大陆水域中找到鱼类、昆虫幼虫、软体动物甚至蜘蛛，水蜘蛛会结成钟罩形的网，并捕捉气泡放到网里，以便在里面生活。

在极端环境中生活

在极端环境中生活的动物必须找到能帮助它们生存下来的方式。在冰雪覆盖的高山或极地地区，酷寒使许多来自温和气候区域的物种无法生存。然而，其中一些物种适应了寒冷环境，在恶劣的条件下也能茁壮成长。北极熊生活在北极圈附近的冰层上，它们游荡捕食的猎物通常是海豹或海象。雌性北极熊只有在生幼崽时才会挖洞，在宝宝准备好迎接严寒的外部世界之前，它们就住在洞里。在地球的另一端，帝企鹅生活在南极冰冻的岛屿和浮冰上。帝企鹅情侣并不筑巢，它们轮流用温暖的腹部羽毛形成的厚厚毯子去保护它们脚上的蛋。

在沙漠，如撒哈拉沙漠，情况恰恰相反：白天的气温会飙升到几乎任何生物都难以忍受的地步，而且水资源奇缺。对许多物种来说，最安全的策略是在光照最强和气温最高的时候躲在窝里、洞穴里或地下隧道中。当太阳下山后、气温急剧下降之前，这些动物才会走出家门，吃点儿植物或捕食其他动物，它们可能会在黎明时分出来喝夜晚凝结的露水。这里是沙漠蛇的王国，是长着长耳朵的好奇的耳廓狐、甲虫和沙漠跳鼠的领地。

图书在版编目（CIP）数据

你好，大自然.动物的家/(西)亚历杭德罗·阿尔
加拉著;(西)罗西奥·博尼利亚绘;詹玲译.-- 北京：
科学普及出版社，2023.5
ISBN 978-7-110-10578-8

Ⅰ.①你… Ⅱ.①亚… ②罗… ③詹… Ⅲ.①自然科
学—儿童读物 Ⅳ.① N49

中国国家版本馆 CIP 数据核字（2023）第 058408 号

北京市版权局著作权合同登记　图字：01-2022-6730

策划编辑：李世梅　　　　　　　　　　封面设计：唐志永
责任编辑：郭春艳　　　　　　　　　　责任校对：焦　宁
版式设计：蚂蚁设计　　　　　　　　　责任印制：马宇晨

出版：科学普及出版社　　　　　　　　　　　　邮编：100081
发行：中国科学技术出版社有限公司发行部　发行电话：010-62173865
地址：北京市海淀区中关村南大街 16 号　　传真：010-62173081
网址：http://www.cspbooks.com.cn

开本：787mm×1092mm　1/12
印张：14⅔　　　　　　　　　　　　　　　字数：120 千字
版次：2023 年 5 月第 1 版　　　　　　　印次：2023 年 5 月第 1 次印刷
印刷：北京顶佳世纪印刷有限公司

书号：ISBN 978-7-110-10578-8 / N·260　　定价：168.00 元（全四册）